图书在版编目（CIP）数据

我的植物标本书 /（瑞典）斯特凡·卡斯塔著 ;（瑞典）玛雅·法戈白绘 ; 肖伊译 . -- 北京 : 北京理工大学出版社，2020.3

（我的博物学入门书）

书名原文：HUMLANS　HERBARIUM

ISBN 978-7-5682-7676-4

Ⅰ . ①我… Ⅱ . ①斯… ②玛… ③肖… Ⅲ . ①植物 - 标本制作 - 青少年读物 Ⅳ . ① Q94-34

中国版本图书馆 CIP 数据核字 (2019) 第 228945 号

北京市版权局著作权合同登记号　图字 01-2019-5658 号

HUMLANS HERBARIUM

© Text: Stefan Casta, 2012

© Illustrations: Maj Fagerberg, 2012

© Bokförlaget Opal AB, 2012

出版发行 / 北京理工大学出版社有限责任公司

社　　　址 / 北京市海淀区中关村南大街 5 号

邮　　　编 / 100081

电　　　话 / (010)68914775（总编室）

　　　　　　(010)82562903（教材售后服务热线）

　　　　　　(010)68948351（其他图书服务热线）

网　　　址 / http://www.bitpress.com.cn

经　　　销 / 全国各地新华书店

印　　　刷 / 雅迪云印（天津）科技有限公司

开　　　本 / 787 毫米 ×1092 毫米　1/12

印　　　张 / 5⅔

字　　　数 / 50 千字

版　　　次 / 2020 年 3 月第 1 版　2020 年 3 月第 1 次印刷

定　　　价 / 68.00 元

责任编辑 / 陈　玉

文案编辑 / 陈　玉

责任校对 / 周瑞红

责任印制 / 王美丽

［瑞典］斯特凡·卡斯塔 / 著

［瑞典］玛雅·法戈白 / 绘　肖伊 / 译

我的博物学入门书

我的植物标本书

北京理工大学出版社
BEIJING INSTITUTE OF TECHNOLOGY PRESS

目 录

欢迎来到花的世界

你很快就会发现，这本书有点不一般。

这本书的主角是野花，那些和我们一起生活在这个地球上、无比美妙的花。它们不曾被人播种，却已经在大自然中存活了亿万年。

不仅如此，这还是一本可以用来压花和制作植物标本的书。如果你愿意，试试把你采摘的野花压在这本书里做成干花吧！

这样一来，《我的植物标本书》就变成了你自己的植物标本书。而你采来的那些花，可以被保存很多很多年。

阅读这本书，你会和许多美丽的花相遇。我们精心挑选了18种野花，它们在自然界中都很常见，也是我自己非常钟爱的花。

每一章的开始，在每一种花的名字下面，还写出了属于这种花的古老"花语"。以前的人们总是用花来表达心意，而每一种花也都有自己独特的意义！

在书中，你还会遇到一位叫卡尔·冯·林奈的人。他是两百多年前的植物学家，就是他给每一种花命名的。林奈自己也制作了几千种野生植物的标本。

至于如何压制干花，我们会在后面的内容中详细地教给你。书的最后还有一个词汇表，帮你学习一些简单的关于花卉的专业词语。你当然还可以读到关于林奈的故事。

接下来，就赶紧跟我们一起开始这场"花花世界"中的发现之旅吧！当你开始真正在自然中"看见"野花时，你就会发现，那些花也正在注视着你。

斯特凡·卡斯塔、玛雅·法戈白

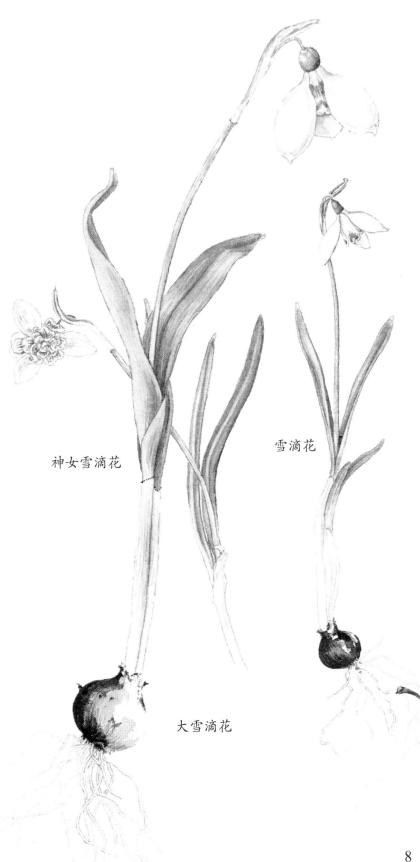

神女雪滴花

雪滴花

大雪滴花

雪滴花
爱，在烦忧中，怒放得最甜美

二月里的俏姑娘

  雪滴花总是在最出其不意的时刻到来。某一个阳光明媚的春日早晨，你会突然发现许多小小的青白色的花朵，像一支支长矛般，从雪地中破土而出。如果你仔细观察，会发现花周围的雪融掉了一小圈，像是给每一朵雪滴花留出的小房间。这是花苞本身的热量让雪融化了。有时候，这些小而倔强的花朵从土地里探出头来，甚至会把盖在"头"上的落叶钻出一个小洞。树叶围着雪滴花，像给她披上了斗篷或是戴上了小帽子。难怪在英国，大家也戏称这种花是"二月里的俏姑娘"。雪滴花常常会在气温零下的寒夜中冒头。当清晨来临，这些"姑娘"东倒西歪地躺了一地，像一堆软绵绵的海藻。可等到太阳升起，花朵与叶子渐渐恢复元气，它们又会重新站立起来。这是真正的奇迹。哪怕春夜的开放让这些"二月里的俏姑娘"筋疲力尽，歪倒成一片，也完全值得体谅。

绿雪滴花

出逃的雪滴花

有时候，你会在远离民居的自然环境中找到雪滴花。这些花都是居住区跟着人们扔掉的花园垃圾和泥土一起"逃"出来的。它们将在野外开始自己作为野花的新生活。

土耳其是雪滴花的故乡

在南欧的山区生长着野生雪滴花。它们成千上万，就像瑞典的雪滴花一样，把森林的草地染成一片雪海。特别是在土耳其，那里有种类繁多的雪滴花，其中一种就是瑞典人常说的土耳其雪滴花[①]。此外还有希腊雪滴花，以及最常见的普通雪滴花。

白色是个狡猾的颜色

其实无论是雪花，还是雪滴花，都不是白色。应该说，它们是完全没有颜色的。如果你觉得它们是白色的，那是因为空气阻隔光线而造成的视觉效果。当花瓣中的空气被排出后，白色也随之消失。

---

① 译者注：拉丁学名是大雪滴花。

关于压花：压制雪滴花时，你会发现花的颜色发生了变化。花朵变成了类似香草冰激凌的颜色，但依然很漂亮！

花期：雪滴花是春天最早开放的花。在瑞典南部，2月就会开放。在瑞典其他地方，3月时最为常见。

生长环境：从15世纪初起，瑞典人就在花园里种植这种有些像蒜的雪滴花了。

小贴士：幸运的话，可以在沟渠、路边、公园之类的地方找到雪滴花哟！

雪滴花

雪滴花的传说

当亚当和夏娃被逐出伊甸园时，外面天寒地冻，漫天冰雪，他们流着泪，冻得瑟瑟发抖。一位天使动了悲悯之心，流下泪来，而那位天使的泪珠就变成了雪滴花。

雪滴花在教堂

雪滴花是纯洁的象征。据一个古老的传说记载，雪滴花是在耶稣出生后第40天开放的。那是圣母马利亚把耶稣带到圣殿的日子。在许多教堂，人们依然会在这个日子里，在圣坛摆放雪滴花。

雪滴花的学名 *Galanthus nivalis* L.

Galanthus 来自希腊语"牛奶"一词，Nivalis 的意思是"在雪中生长"。所以这个名字的大意可以理解为"雪中牛奶般的白色花朵"。学名后面的"L."是林奈（Linné）名字的首字母，正是他为这些植物拟定了学名。

瑞典人还把它叫作

白色农场提琴、雪滴、雪水仙、雪白、雪钟、雪银莲花、三月花和雪侠

你知道吗？

* 据统计，共有近500种培植的雪滴花。

* 自然生长的野生雪滴花只有19种。

* 野生的雪滴花才是雪滴花正宗的鼻祖。人们利用野生雪滴花培育出新的品种。

* 雪滴花是石蒜科下雪滴花属。

款冬

最初的爱

钩粉蝶

路边怎么能少了
款冬？

款冬

所有孩子都喜欢的花

　　春天里的第一株款冬总是非常特别。要找到它，你需要用手指小心地在灰白的草丛中翻找。你也可以搜寻款冬在去年留下的黑色残叶，那里藏它们生长的线索！等你找到它们，就会看到从泥土中冒出的花蕾，如同交叠的小手一般紧闭着。摘几朵回家，把它们插在蛋杯中，放在厨房的餐桌上。没几天，花就会开放，像春日里的小太阳一般照亮房间。款冬要送给自己特别喜欢的人。所以，好多孩子把款冬送给自己的妈妈。

果实与叶子

开年第一只小飞蝇

春日的暖阳刚上房梁，那些在我们房子里过冬的飞蝇就率先活跃起来。它们四处飞舞，还会去吸食款冬的花蜜，因为那是最早开放的花。

天然的太阳能采集器

款冬那黄色的花朵有一种奇特的能力——积蓄阳光的热能，因此花里的温度比空气中的温度还要高。这也是那些冻僵的小飞蝇特别喜欢款冬的原因。

有马蹄的花

开花之后，款冬的花茎努力伸展，让那些带着"小降落伞"的种子顺利起飞。渐渐地，那些大大的绿色叶子也长了出来。它们的形状很像马蹄，因此在很多国家，这种花的命名都和马蹄有关。而在法国，它的名字可以被翻译成"驴的足迹"。

瑞典最早开花的植物；现在大地霜除，雪在影子里融化。

卡尔·林奈

12

你知道吗?

＊款冬在瑞典其实叫"马蹄"，但瑞典人更愿意用它的拉丁语名字 Tussilago。

＊款冬的头状花序里其实包含了不同种类的花。

＊款冬的中心挤着一簇小小的花朵，那里面含有花粉和花蜜，那是它的花序托。周围一圈黄色的舌状花，仿佛太阳的光芒，它们能起到吸引昆虫的作用。

款冬的学名 *Tussilago farfara* L.

款冬的学名中 Tussilago 大概来自拉丁语的"咳嗽（tussis）"和"驱逐（agere）"这两个词。花名的意思是"能治疗咳嗽的植物"。而名字中的 farfara 是意大利语中款冬的古名。

瑞典人还把它叫作

去咳花、咳嗽草、疗肺草、胸烟、小马蹄、药草叶、牙痛草、霜花、咳草、菟丝龙、魔鬼草

曾经的养生草，现在的禁用品

从前，人们可以在药店中购买到用晒干的款冬制成的茶，因为这是一种著名而古老的治疗咳嗽的药方。款冬的叶子还可以制成烟草。但现在，款冬已经被禁止当作药物使用，因为人们发现它含有可能致癌的物质。

关于压花：选择那些新鲜的、刚冒出来的款冬制作干花，会非常漂亮！

花期：3—4 月 /5 月

生长环境：生长在路边、田边、沟渠边、铁路边、湖畔等地方。

小贴士：款冬长得像小型的蒲公英，但因为它开放得特别早，并不会与蒲公英相混淆。

银莲花
在贫困中喜乐

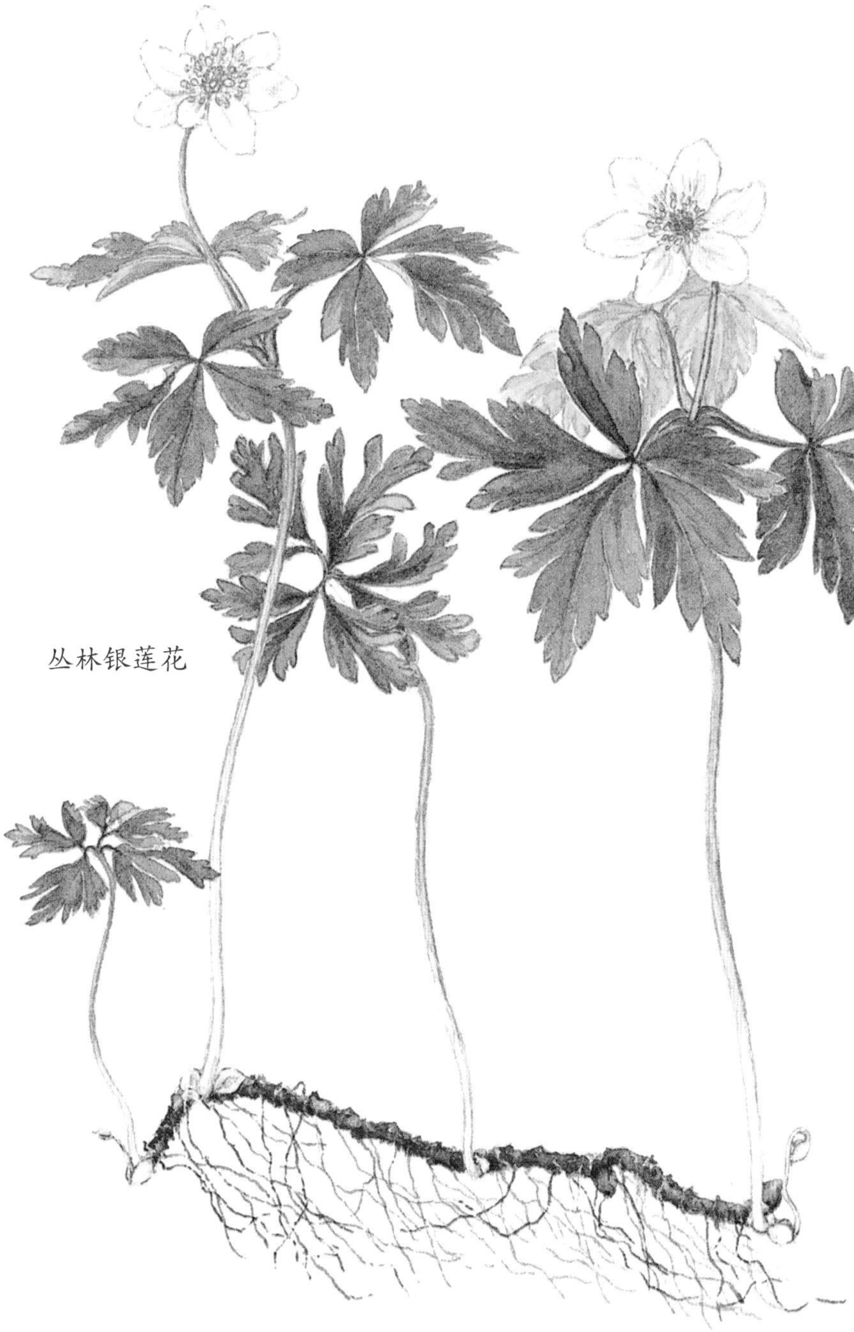

丛林银莲花

银莲花的根系在地下迅速蔓延，
越来越多的花破土而出。

待到仙女晾裙时

银莲花大概是春天里最寻常的植物了。多好啊，看那四五月的森林，忽然之间，遍地白花，随风摇曳，仿佛仙女们晾晒出了她们新洗的美丽裙子。在这雪白花海中席地而坐，被顽皮熊蜂与翩翩蝴蝶环绕，是何等畅快！多么开心，这种花完全没有绝迹的危险，人们可尽情采撷，做成美丽的花束。别看银莲花如此平凡而简单，它的花朵自有迷人之处。仔细端详，你会发现，一朵含苞待放的银莲花，简直是我们可以找到的最美丽、最有生命力的植物。那纯净的雪白，那清新的嫩绿！银莲花，就是春天的化身。

有了银莲花，不怕"仙子症"

很早以前，人们会把每年新出的银莲花当药服用。这个习俗据说来自德国和丹麦，在那儿，人们相信吃掉七朵银莲花，就不怕染上"仙子症"。所谓"仙子症"，指的是不小心撞上仙子，身上某个部位被仙子吹了一口气，那个地方就会长出难以治愈的红疹。不过还好，现在已经没有人会服用银莲花了。

此花有毒

以前，人们用银莲花治疗疹子，疗愈伤疤，甚至还用它祛除雀斑。但是今天，人们知道银莲花中含有毒性成分。食用银莲花，甚至会有生命危险。对一个成年人来说，吃下大概 30 朵银莲花，就有可能致死。

遍地都是银莲花

银莲花的根会在地下往任何可能的方向蔓延，根系上不断有新的花苗破土而出，而银莲花也就这样扩散开来。同一个根系上长出来的花，花瓣和叶子都一模一样，是"母花"的复制版。如果站立在一片银莲花的花海之中，你可以很轻易地分辨出哪些花属于同一株。

林中花，开放要趁早

银莲花最青睐的生长地是那些布满桦树、山毛榉、橡树等大树的森林中。对银莲花来说，开花要趁早，它们必须赶在大树的枝叶茂盛得足以遮天蔽日，阻挡阳光照进森林之前开花。银莲花的花期一般只有 14 天。

"爱冒险"的银莲花

虽然银莲花通常安居于森林，可它同时也是一种"爱冒险"的花。我们常常会在意想不到的地方发现它们的身影。无论是路边、沟渠、田间，还是年头久远的荒草地，都有可能成为银莲花的栖身之地。有时，人们甚至可以在城市的花坛中看到它们。

银莲花的传说

希腊神话中的爱神阿芙洛狄忒爱上了年轻的猎人阿多尼斯。阿多尼斯罔顾爱神的警告，被一头野猪咬死。在他失去生命的地方，雪白的银莲花变成了一片血红。

受保护的雪割草（欧獐耳细辛）

有一种和银莲花颜色不同，但形状相似的蓝色花叫雪割草。雪割草生长扩散的方式和银莲花完全不同。它每株只能长出一小丛，年复一年，只在同一个地点缓慢生长。甚至有些极其古老的雪割草，已经在同一处生存了 700 年！在瑞典的大部分地区，雪割草都是受保护的植物。

雪割草

银莲花的学名 *Anemone nemorosa* L.

Anemone 是希腊语"风"的意思，nemorosa 则来自"小树林"一词。因此，银莲花学名的意思是"小树林中的风之花"。

瑞典人还把它叫作

白维、白花、白公鸡、白铃铛、白锁、春理花、霜花、霜公鸡、卢可、灰锁、维拉、春花、隆德涅莫花、山羊花

你知道吗？

*银莲花不是白色的，往往也会带一点红。

*蚂蚁是银莲花播撒种子的功臣。它们会吃掉银莲花种子周围的小脂肪粒，再把种子甩掉。

*银莲花靠熊蜂、蜜蜂、蝴蝶、蝇和小飞虫授粉。

*在夜晚和坏天气的时候，银莲花的花朵会闭合起来。

关于压花：银莲花干得很快，非常适合压制。白色花瓣在脱水后渐渐变成灰色，但依旧美丽。

花期：4—5 月

生长环境：通常在光线较充足的森林、牧场，但也能在其他地方找到。

小贴士：有可能与同期开花的白花酢浆草混淆。不过，白花酢浆草有"三叶草叶"（参见白三叶草），且在花瓣上有明显的红线。

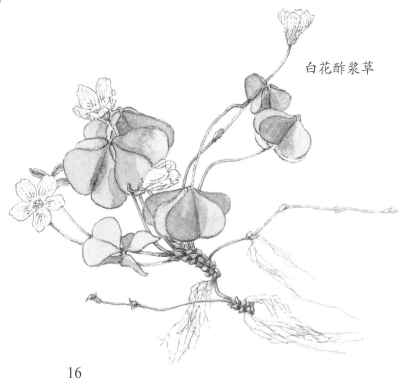

白花酢浆草

16

顶冰花

顶冰花

跟随我！①

春日的金星星

一不小心，也许你就错过了春日里最优雅的花之一——顶冰花。尽管它其实是北欧最常见的野生百合科花卉，却被许多人无视。顶冰花如此低调，不仅因为它的外形朴素，还要怪它的瑞典语名字实在太不起眼——春葱。在瑞典的花园里，那些在春天最早开放的花，几乎都可以被叫作"春葱"。相比之下，它在英语中的名字要耀眼得多——伯利恒的黄色星星，那可是照耀着新生耶稣的星辰啊！在其他很多语言中，它被命名为"金星星"。这些响亮的名字为它带来了更多的关注与欣赏。事实上，这些野地里的"星星"，也的确非同一般。它的开放是在清楚地告诉我们：更明媚的春光就要到来了！

春女神日之花

顶冰花曾一度被称为"春女神日之花"。"春女神日"为每年的 3 月 25 日，是向春女神致意的日子。而这里的春女神，其实指的是圣母马利亚。因为这一天，正好距离圣诞日还有九个月，是圣母马利亚受孕的日子。不过，现在这个节日已经有了新的含义。因为读音相近，春女神日（瑞典语 VÅRFRUDAGEN），渐渐被误传成了"华夫饼日"（瑞典语 VÅFFELDAGEN），早已和最初的意思完全不一样了！

① 奇怪的是，顶冰花并没有专属花语，这里是我们的建议。——作者注

当年的"花生"

顶冰花在瑞典就叫"春葱"。而在以前，顶冰花在地下的根茎被人们叫作"花生"，也常常被拿来食用。你别说，顶冰花的根看上去还真有些像花生或小豆子呢。

观察叶子

通常，顶冰花的叶子是狭长的。叶片的两边在顶端处连接起来，形成一个小"帽兜"。而叶片的形状也可以作为区分不同种类的依据。比如说，草顶冰花和矮顶冰花，它们的叶片尖端就没有小"帽兜"。

你知道吗？

＊顶冰花的花朵只在阳光明媚的日子里完全敞开。

＊顶冰花主要靠飞蝇授粉。

＊顶冰花有时会在别处生根发芽，是蚂蚁把它的种子带到了那里。

＊顶冰花属于百合科，和郁金香同属一个家族。

它在瑞典的东约特兰省被称为"春女神日之花"。在饥荒的日子里，也可以用它来果腹。

卡尔·林奈

林间顶冰花

顶冰花发芽后的第一个春天，看上去就像一丛普通的小葱（图左），直到第二年春天，才会开出星星般的花来。

大雪百合

西伯利亚绵枣儿

顶冰花与很多花园
中种植的雪百合以及绵
枣儿同属一个科。

顶冰花的学名 *Gagea lutea* L.

　　Gagea 一词来自英国植
物学家托马斯·凯奇爵士的
名字。而lutea是拉丁语中"黄
色"的意思。因此，它的学
名意思是"凯奇的黄色花朵"。

瑞典人还把它叫作

　　黄星、春女神日之花、
花生、乌鸦葱、黄花花生

雪百合

关于压花：顶冰花容易压制，
且花的颜色能保持良好。

花期：4—5 月

生长环境：通常可以在光线充
足的森林、小树林、公园、草甸、
草坪和路边找到它们。

小贴士：顶冰花最适宜在树木
和灌木丛下的半阴处生长。它的花
期较短，只在初春的一段时间开放，
所以采集要趁早。

19

栽培的雏菊品种

雏菊

雏菊
无数小确幸比几个大惊喜更令人幸福

万能之花

"如果你一脚就能踩上七朵雏菊，那意味着夏天真的来了。"这句英国俗语说得一点儿没错。在初夏时节，成千上万的雏菊竞相开放，把草地变成了拥挤的花海。在那里，一脚踩住七朵雏菊还真不是件难事。雏菊除了数量多，还有不少令人惊艳的特点。比方说，它几乎可以在全年开放，甚至克服初冬的微寒。植物学家卡尔·林奈把这种花叫作"小不点儿"，因为它们的身形真的很细小。也正因为如此，雏菊常常象征着"羞怯"。 林奈还认为，雏菊虽小，却很有价值。在他生活的时代，人们几乎用雏菊来治疗一切疾病。雏菊喜欢生长在靠近人类的地方，庭院、公园、牧场都是它们的家园。哪怕割草机能让所有的雏菊短暂消失，不出几天，它们又顽强地生长出来，变得花团锦簇了。

不喜雨水

雏菊对天气很敏感，碰到下雨天就会将花瓣合起。而当夜幕降临，雏菊的花茎伸展，外围的舌形花瓣垂下，护住花心，沉沉"入睡"。

神鬼之花

雏菊有一个古名，叫"怀特之光"。怀特是传说中的一种地下神怪，它们住在人类的房子与庭院的地底下，类似于精灵或怪物。它们非常狡猾，可以隐形，迷惑众人。

栽培的雏菊品种

重新命名

当基督教义传到瑞典后，很多花也随之更名，特别是那些名字与北欧诸神有关的花。雏菊原先的名字表示它是北欧神话中春天与爱神芙蕾雅的花，而基督教化之后，它的新名字变成了"马利亚之花"。马利亚指的自然是圣母马利亚，也就是耶稣的母亲。

古老的迷信

以前的人们相信，如果把最先看到的三朵雏菊吃下去，接下来的一整年都不会遭受牙痛之苦。

栽培的
雏菊品种

古老的药材

在德国，雏菊曾被用来堕胎，也就是把不符合预期且还未出生的胎儿打掉。为此，1729 年政府曾颁布法令，要将所有的雏菊铲除。不过，到了今天，已经没有人会用雏菊来做这件事了。

雏菊的学名 *Bellis perennis* L.

Bellis 的意思是美丽，perennis 则表示这种花能存活多年。因此，雏菊学名的意思是"永恒美丽的花"。

关于压花： 雏菊容易压制。如果把几朵雏菊并排放置，压出来的效果会更好。当你压制菊科植物时，不要压得太过用力，否则会让花瓣受损。

花期： 从 4/5 月—11 月

生长环境： 几乎在所有的草坪与草甸中都能找到。花坛中常种植白色或红色品种。人工栽培的雏菊比野生雏菊更大、更茁壮。

小贴士： 雏菊的样子像是缩小版的滨菊，被小山丘般的绿叶簇拥着。

瑞典人还把它叫作

怀特之光、冬花、小不点儿、火光花、锅光、马利亚之花、千趣花、千看花、千之花

你知道吗？

*如果仔细寻找，有可能发现玫瑰红色的雏菊。

*雏菊会吸引昆虫来访，但它们也可以自花授粉。

*古时候，雏菊被用来制作巫水。

报春花

外表甜美，内心更美

硕萼报春（黄花九轮草）

不少人认为报春花是
春天里最美的花。

开启天堂的钥匙

拾起一朵报春花，如同捧起一个会呼吸的生命。花茎如此修长柔和，捏于掌中，仿佛握住一位朋友的手。是啊，它就是如此温柔，连香气都是那么友善和煦。不过，并不是哪里的报春花都可以随意采摘。在部分地区，报春花因稀少而受到保护。关于报春花，还有一个美丽的传说：守护通往天堂之门的圣彼得有一天不小心把他的金色钥匙圈弄丢了，钥匙穿过云朵落入凡间，扎入泥土消失不见。一位天使被派遣去人间寻找钥匙。她寻遍各处，却一无所获。直到最后，她发现了一株酷似金色钥匙圈的花，而开启天堂的钥匙果然就藏在花下的泥土里！

以花解忧

报春花是最早被人们用来缓解抑郁的自然药材之一。从前，那些饱受悲愁苦闷折磨的人，可以服用一种以报春花的根为原料制成的药物。直到今天，报春花根依然被用到一些药方中，不过是为了治疗感冒咳嗽。

护肤养颜

以前，人们相信报春花有令人返老还童的神奇功效。人们用报春花为原料制成软膏或护肤水，用来抚平皱纹，祛除雀斑。

古早饮料

以前，人们用报春花来制作香甜的果汁，具体做法是把报春花放在水里，加糖后小心烹煮。煮的过程中，报春花香味四溢，从很远就能闻到。

它从燕子来时一直
开放至松树飘香时节。

卡尔·林奈

你知道吗？

＊小心地摘下一朵黄色的报春花，吸食底部，就能品尝到报春花那香甜的花蜜。

＊报春花的叶子能当沙拉食用。

＊报春花是瑞典内尔彻省的省花。

冬季播种

报春花的种子成熟得非常缓慢，直到冬天才可以播种。因此在冬日里，冻得僵硬的报春花依然矗立，风一吹，种子便落到雪地里。

硕萼报春的学名 *Primula veris* L.

Primula 来自 primus 这个单词，意思是"第一个"。Veris 来自 ver，意思为"春天"。因此，它学名的意思是"春天里的第一名"。

瑞典人还把它叫作

圣彼得的钥匙、天堂钥匙、圣母钥匙、五月钥匙、杜鹃裤子、猫靴、牛腿、哈杜鹃、魔女的回报

冬季等待播种的报春花

杂交的报春花，被称为花园报春花，可以呈现多种不同的颜色和形态。

花园报春花

关于压制：报春花容易压制成干花，一般效果都非常好。

花期：5—6 月

生长环境：适宜在牧场、草甸和路边生长。如果你想看到大片报春花开放的美景，就请在 5 月拜访厄兰岛吧！

小贴士：在瑞典的斯科讷省、哈兰省和厄勒布鲁省，不允许采摘野生报春花。不过，报春花也是常见的庭院栽培花卉。如果你所在的地方不能采摘野生报春花，也一定能买到栽培的报春花。

25

三色堇

软弱

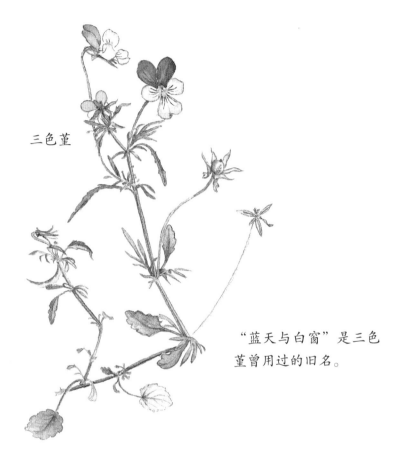

三色堇

"蓝天与白窗"是三色堇曾用过的旧名。

把春天染成蓝色

　　三色堇是一种有魔力的花，它喜欢在那些没有其他植物能够生存的恶劣环境中生长，比如海岛岩礁间细小的缝隙、干燥的山丘和贫瘠的土地上。三色堇在这种艰难的环境中如鱼得水，因为在这儿，它们不需要与其他植物争夺地盘。逢到多雨的春天，三色堇生长得最为繁盛。这不难理解，因为只有下雨，才能让可怜的三色堇才获得充沛的水分。而这时，三色堇会开出成千上万朵花，把整座山丘染成蓝色。如果有机会去瑞典西海岸，碰上这样一个"蓝色的春天"，行走其间，那感受真是无与伦比。你不禁会诧异，这蓝色的光芒究竟从何而来？是什么植物让岩礁变色？直到最后你才恍然大悟，原来，就是这"区区"三色堇啊！但如果碰到少雨干旱的春天，那三色堇的花期也只能悄无声息地茫然逝去。

26

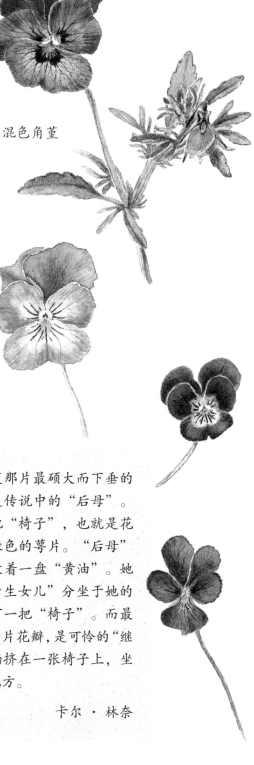

混色角堇

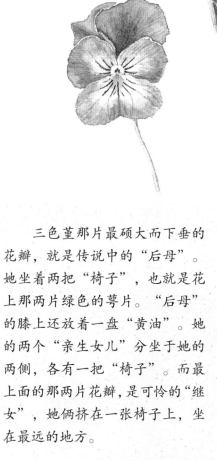

三色堇预言

如果三色堇开得猛烈，那么预示着接下来的夏天会炎热且阳光充沛。有人相信，这也是鲭鱼大丰收的征兆。然而，大量的三色堇开花，也可能意味着将要出现干旱和饥荒。就像在瑞典的布胡斯省，人们会说，"很多孩子要因为那片紫罗兰色而哭泣了"。

第七朵花

在英国剧作家莎士比亚的笔下，混色角堇是仲夏花束中的第七朵花，同时也是最具魔力的花。睡着的女孩被这种花施法，第二天早晨醒来后就会爱上她第一眼看到的那个人。（在"七瓣莲"的章节里，可以读到更多关于"七"的传说。）

三位一体之花

按照基督教的解释，三色堇的黄色象征圣父，白色象征圣子，紫色象征圣灵。

了不起的三色堇

混色角堇几乎能在所有花园中找到，是野生三色堇与其他品种的堇菜属花卉杂交后的成果。混色角堇容易繁殖，几年之后，便会培育出美丽的混色角堇！

三色堇那片最硕大而下垂的花瓣，就是传说中的"后母"。她坐着两把"椅子"，也就是花上那两片绿色的萼片。"后母"的膝上还放着一盘"黄油"。她的两个"亲生女儿"分坐于她的两侧，各有一把"椅子"。而最上面的那两片花瓣，是可怜的"继女"，她俩挤在一张椅子上，坐在最远的地方。

卡尔·林奈

27

关于压花：三色堇易于压制，且能保持颜色。如果你愿意，可以同时压好几朵。

花期：4/5 月—10 月

生长环境：贫瘠的田野、荒山的岩缝、干燥的草地与山坡

小贴士：春季最容易找到三色堇，那是它最为显眼的时节。三色堇有多种不同的颜色，有些黄白相配，另一些则以蓝色为主色调。

三色堇

三色堇的学名 *Viola tricolor* L.

Viola 译为"维欧拉"，据说来自希腊传说中一个国王女儿的名字。Tricolor 的意思是"三种颜色"。因此，它学名的意思是"三色的维欧拉"。

你知道吗？

＊从前，三色堇被用来治疗皮肤病。

＊三色堇的种子在成熟后会被花甩出去。

＊被甩出的种子，一部分会被蚂蚁搬走。它们吃掉种子上吸附的脂肪粒，再把剩下的部分扔掉。

＊三色堇是瑞典翁厄曼兰省的省花，不过在那里，这种花通常被称作"夜与日"。

＊在瑞典生长着 20 种堇菜属植物，而在全球共有约 400 个品种。

昆虫的指路牌

三色堇的花瓣上有着清晰的路标，可以帮助昆虫采集花粉。黑色的细线指向花的中心，而黄色斑点则是"此处有花蜜"的标志。在这些指路牌的帮助下，昆虫们就能准确地知道该去哪儿采蜜了。

瑞典人还把它叫作

三色堇有许多美丽的名字，例如夜与日、太阳与月亮、回忆堇、蓝天与白窗、鸟舌、首领靴、三位一体花、野生小提琴，而最美丽的名字也许还是"无用的忧伤"。

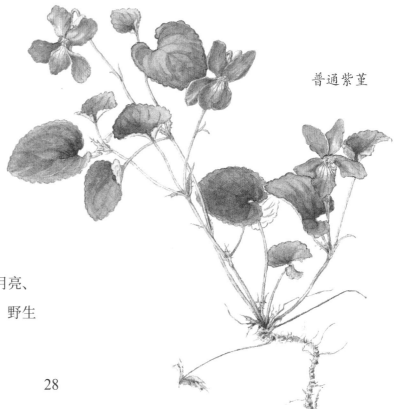

普通紫堇

蒲公英

我不过是最平凡的普通人

受宠的野草

蒲公英是一个美丽的奇迹。当它盛开时，整个春天都是一片嫩黄。花园草坪什么的就不用说了，在刹那间，蒲公英就变得无处不在，让人不由得诧异，它们究竟是从哪儿冒出来的？有些人不喜欢蒲公英，把它们当作杂草，总是试图铲除干净。然而这并非易事，因为蒲公英最擅长的就是繁衍扩张。也有很多人因为蒲公英的顽强而喜欢它们，欣赏它们无论如何总能卷土重来的倔强。蒲公英另一个神奇的地方在于，它居然可以分为那么多不同的种类，尽管每一类之间只有极细微的差别。在沙滩，有沙滩蒲公英，它们长着细长无齿的叶子；在田野，有矮人蒲公英，它们通常只有几厘米高；还有一种夜蒲公英，它们只在夜间开放；最常见的蒲公英，是所谓的野草蒲公英，就是我们经常能在草坪上看到的那种。而仅仅是野草蒲公英这一类，又可以细分为五百多个不同的品种！

野草蒲公英①

伴着蒲公英的盛开，
夏天悄然而至。

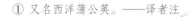

① 又名西洋蒲公英。——译者注

带着"降落伞"的果实

当风吹过蒲公英的花球，无数的"小降落伞"就带着自己的果实起飞了。这果实就是藏着蒲公英种子的地方。当小降落伞们成功降落，果实裂开，种子被播撒，新的蒲公英便诞生了。

项上挂着蒲公英的女孩拥有最动人的眼眸，使她的魅力无人可挡。

蒲公英播撒种子

古老的传说

许愿球与骑士的遮阳伞

你相信吗？对着蒲公英的花球吹一口气，再数数看还有多少"小降落伞"没有被吹走，就会知道你的愿望还有多少天能够实现。而从前，蒲公英的花球也被叫作"骑士的遮阳伞"。因为人们说，男人的忠诚就如同蒲公英的种子一般，轻易便飘散无踪。

人如果吃下蒲公英，会变得尿急。在法语中，也把蒲公英叫作"尿床草"。

30

美味的根

煮过的蒲公英根非常可口。据说从前在瑞典的诺尔兰省，孩子们会把蒲公英的根削了皮来吃。在丹麦，曾有过一种受欢迎的咖啡就叫蒲公英咖啡，也是用蒲公英的根烘制而成的。

蒲公英的学名 *Taraxacum vulgare (officinale)* L.[1]

Taraxacum，大概来自阿拉伯语里的 Tarakh shaqun 一词，是某种菊科植物的古时叫法。而 Vulgare 的意思是普通。括号里的 officinale 则表明这曾是一种药材。

在瑞典的斯德哥尔摩，抑或在国外，春天里鲜嫩的蒲公英叶子也被用来做沙拉。

卡尔·林奈

新的修辞法

那些成长经历坎坷的人，有时会被称为"蒲公英孩子"。

瑞典人还把它叫作

牧师皇冠、和尚头、黄油花、黄油老头、黄老头、鸡蛋花、狗儿草、牛尿草、猪花、狮齿，以及很多类似的名字

你知道吗？

＊地球上至少有 4000 种蒲公英。

＊它们最喜欢在北边较为阴冷的地区生长。

＊瑞典是适宜蒲公英生长的国家，有约 1000 种蒲公英。

＊从前的人认为蒲公英有着神奇的力量，可以抵御魔法与巫术。因此，很多人会把蒲公英花挂在家里。

＊蒲公英的花与叶子都可以用来制茶。

关于压花：蒲公英的花厚实且富含水分，但压制起来倒也并不困难，且效果很好。别忘了把叶子也一起压进去。

花期：5—6 月最盛，但秋天也有。

生长环境：常见于草地、田野、路边、沙滩，也可在任何其他地方出现！

小贴士：五月，当天气转热时，几乎到处都是蒲公英的金黄色。但请抓紧时间欣赏，蒲公英花开的时间只有几个礼拜。

---

① 这里介绍的拉丁语学名，为瑞典最常见的"欧蒲公英"的学名。

勿忘草

让我永驻你心间

森林勿忘草

勿忘草在法语中还有一个美丽的名字——圣婴之眼。

诗之蓝花

很少有像勿忘草这般受到追捧的花，光是名字就足以惹人怜惜——勿忘我！人们当然不会忘记它。除此之外，它还有一个更美的名字——诗之蓝花。从古至今，勿忘草都被当作浪漫与渴望的象征，并伴随着一丝哀伤与苦楚。是的，就是那种奇异而复杂的感受，人们通常称它为"忧郁"。那些不快乐的感受就驻于勿忘我那蓝色的眼眸之中。它当然也是甜美的花，当它在六月之初绽放时，整个夏天都被它点亮。它们用自己的生命力唤醒人们的希冀与渴望。而这，不正是世间的花朵所能带给我们的感受吗？

野勿忘草

牧羊人与危险城市

从前，有个牧羊人，他要进城办些事情。城中诱惑很多，他年轻的妻子便从家乡寄给他一枝蓝色的花，提醒他不要忘记自己的蓝色眼睛。

痴情的骑士

从前，有一个骑士，他的爱人发现了一朵非常美丽的花，喜欢极了，于是他决心帮她把花摘回来。那朵花生长在多瑙河边一处陡峭的悬崖上。骑士奋力爬上悬崖，可就在他刚刚抓到花的一刹那，脚下一滑，失去了平衡。危急中，他只来得及把花递给女孩，然后大喊一声"勿忘我！"便坠入河中淹死了。

勿忘草的学名 *Myosotis scorpioides* L.（这里介绍的学名，为瑞典常见的沼泽勿忘草的学名。）

勿忘草的拉丁名大意是"蝎子般的老鼠耳朵"。"蝎子"指的是花茎在舒展开之前会向内包卷，形似蝎子的尾巴。而"老鼠耳朵"指的是花上那些长着小绒毛的叶片。

瑞典人还把它叫作

在瑞典语中，这种花最开始被叫作"眼睛"，古名包括水潭眼、鱼眼、森林眼、蓝眼、恶魔眼，以及圣母眼。它也被叫作爱人、美丽爱人、爱人之花，甚至"立刻忘记我"！

33

勿忘草

纪念册里常会写下这样的诗句

有一种花叫勿忘草，
就请弯腰摘起它吧。
当不幸来临的时刻，
有朋友相伴多可贵。

你知道吗？

＊一株勿忘草的高度通常为15~40厘米，但有些物种能长到将近一米高。

＊勿忘草属于紫草科，与蓝蓟、药用牛舌草、琉璃苣等属于同一家族。

＊勿忘草的种子随着水流漂浮和传播。

＊勿忘草是瑞典达尔斯兰省的省花。

关于压制：勿忘草容易压制，且能保有原本的蓝色。

花期：6—8月

生长环境：适宜在潮湿的田野、水潭、湖畔浅滩，以及河边生长。

小贴士：勿忘草也常被栽种于花园中。

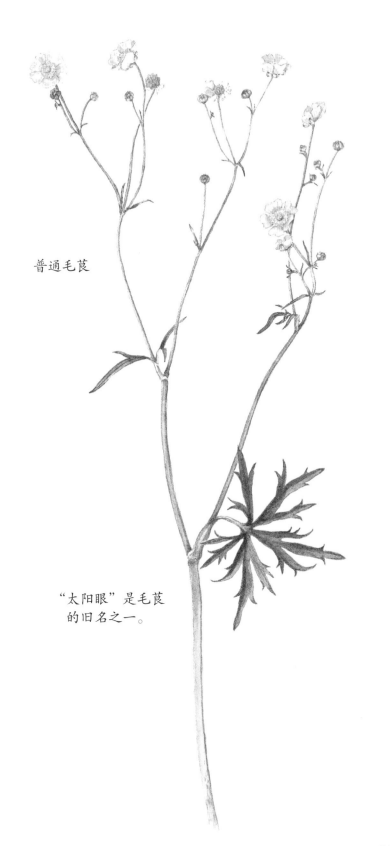

普通毛茛

"太阳眼"是毛茛
的旧名之一。

毛茛

孤独忧郁的我，
如能和你在一起，便会判若两人！

折射夏日骄阳

黄色的毛茛在阳光之下熠熠生辉。这并不奇怪，因为毛茛就像一面镜子。镜子的玻璃背面涂有一层白色水银，是它让镜子能够照出东西。而在毛茛薄薄的黄色花瓣背面，也有一层白色的细胞，让花朵在阳光中闪耀着光芒。尽管神奇，尽管随处可见，但人们对它却毫不在意，任由这些花存在于夏日的浓绿之中。它们开在温润的田野与牧场，开在草坪，开在路边，开在疏朗的林间，开在高山的空地。因为有毒，不能被动物食用，所以毛茛才能遍地开花。

揭发小·馋猫

从前，人们会用毛茛来玩一个叫作"黄油测试"的游戏[①]。只要把毛茛靠在下巴上，下巴只要泛光，就说明这个人渴望吃到黄油。要知道，在那个时候，人们认为黄油就是世界上最好吃的东西之一。

---

① 瑞典语称毛茛为黄油花。——译者注

瑞典是毛茛王国

我们所见到的毛茛，通常被称为普通毛茛，或者就叫毛茛。而毛茛的种类有很多：南方毛茛、北方毛茛、多花毛茛、田野毛茛、森林毛茛、树丛毛茛、山脉毛茛等等！几乎每一种自然环境中，都能找到独有的毛茛品种。毛茛适宜在北方繁殖，所以瑞典有很多毛茛。

乞丐之花

据说，乞丐们会用毛茛用力磨蹭自己的手臂。因为毛茛的花汁会引发水泡，制造伤口，从而让人们更加可怜这些乞丐，给他们施舍财物。所以毛茛也被叫作"乞丐茛"。

在牛马成群的牧场，却没有动物啃食它，
于是这种美丽的花得以成为牧场的一道风景。

卡尔·林奈

保存夏日的回忆

采一束毛茛，用细绳扎上，悬挂在室内。等到花干了，金黄的颜色依然鲜艳，这会成为永久的夏日回忆。

毛茛软膏

从前，人们用毛茛的花瓣与叶片制成软膏。毛茛软膏不仅能治疗疣疹和关节的毛病，还能用来对付牙痛。

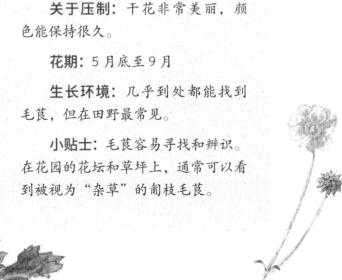

金冠毛茛

你知道吗?

＊黄色是自然界中最常见的花朵颜色，而蓝色则较为少见。

＊毛茛的毒素会随着花朵晾干而消失。

＊全球共有 250 种毛茛。

＊毛茛属于毛茛科，与银莲花、冬菟葵、驴蹄草同属一个科。

关于压制： 干花非常美丽，颜色能保持很久。

花期： 5 月底至 9 月

生长环境： 几乎到处都能找到毛茛，但在田野最常见。

小贴士： 毛茛容易寻找和辨识。在花园的花坛和草坪上，通常可以看到被视为"杂草"的匍枝毛茛。

毛茛的学名 *Ranunculus acris* L.

Ranunculus 的意思是"小青蛙"，因为这种花很喜欢待在潮湿的地方。Acris 是拉丁语中"尖锐"的意思，指这种花的汁液刺人。因此，毛茛完整的名字可以翻译成"锐利的小青蛙"。

瑞典人还把它叫作

太阳眼、锐利太阳眼、太阳默亚、日光、金色光线、黄油草、黄油花、五月花、仲夏花、灭蝇花、猪玫瑰，以及——鲨鱼齿

锐利的小青蛙

匍枝毛茛总是匍匐生长。如果运气好，你能找到长了超多黄色花瓣的毛茛。

白三叶草

只要别否定我的友情

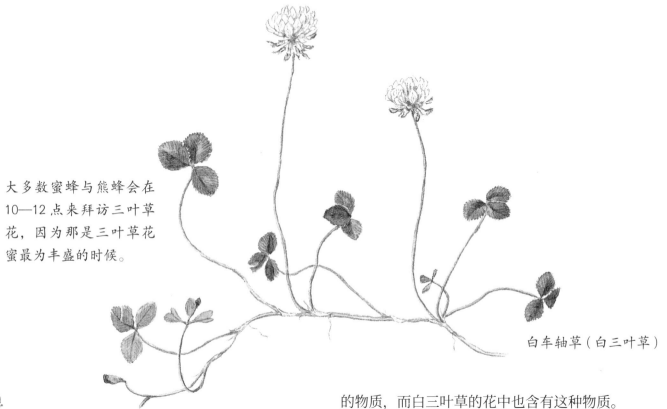

大多数蜜蜂与熊蜂会在10—12点来拜访三叶草花，因为那是三叶草花蜜最为丰盛的时候。

白车轴草（白三叶草）

夏日气息

白三叶草的花一开，草地上便仿佛点起了无数白色的小灯笼。如果你留心观察，会发现这些擅长繁衍的三叶草还真是无处不在。白三叶草的花里常有蜜蜂采蜜，因此如果你光脚走在这种开满小白花的草地上，可要当心了。在草地上铺块毯子躺下来，你能闻到白三叶草那甜美适宜的香气。这种味道挥之不去，熟悉得让你几乎忘了它的存在，仿佛那就是夏日本身的气息。这也是人们在冬天用干草饲喂牛马羊群时会闻到的味道。它来自干草中一种叫香豆素的物质，而白三叶草的花中也含有这种物质。

神圣的叶子

从前，人们认为三叶草的叶子象征着自然中的三大元素：陆地、大海与天空。而在基督教的解释中，三叶草的叶子象征着圣父、圣子与圣灵，三位一体，因而也被视为具有可抵御邪恶魔鬼的力量。而如果能找到四片叶子的三叶草，那就更棒了，因为它象征着神圣的十字架。

使用四叶草的艺术

从前，人们相信采摘四叶草的时候要保持安静。在法国，有些人甚至会用牙齿把叶片嚼碎，吞进肚里。人们也常常把四叶草放进赞美诗的诗集里，据说这样就能把幸运带给全家。

四叶草的花语

让我们享受永续的青春。

关于花香

请相信，花香，是花的思想。

——哈里·马丁松（作家，诺贝尔奖获得者）

在夜里入眠

当太阳落山，三叶草也要去睡觉了。这时三叶草两侧的叶子下垂，第三片叶子则会盖在它们上方，这样叶子们就能一起抱团取暖，抵御寒夜。夜晚的三叶草和白天看上去大不一样，那是因为叶子们在此时袒露出了自己灰色的背面。

红三叶草，又名红菽草。

四叶草

特别幸运的人可以找到象征好运的四叶草，它们有时也被叫作幸运草。这时就不妨许个愿吧！从前，找到四叶草就好像中了彩票。人们相信，找到它的人不仅能情场得意，在其他事情上也会好运连连。以前的人们甚至会用四叶草来辨别女巫和异端。

人们用这种植物来预测是否会下雨。天气晴好时，小叶片会自然下垂。大雨将至时，叶片则会挺直。

卡尔·林奈

白三叶草的学名 *Trifolium repens* L.

Trifolium 的意思是"有三片叶子的"，repens 则表示"爬行"。因此，这种花的学名翻译过来就是"爬行的三叶植物"。

瑞典人还把它叫作

小三叶草、白三叶草、白球、白老头、白田野三叶草、爬行三叶草

你知道吗?

*白三叶草是最重要的牧草之一。

*用白三叶草饲养的牛，产奶量特别高。

*白三叶草属于豆科。

*豆科植物可以捕捉空气中的氮，产生固氮作用，让土壤更肥沃。这也是为什么人们常在准备种植粮食作物之前的那一年，在田里种上三叶草。

关于压花：白三叶草很容易压制，可以同时压好几片叶子，让它们的叶片有的正面朝上，有的背面朝上，这样你就能观察到叶片的两面有多么大的差异。

花期：整个夏天，从 6 月到 9 月。

生长环境：通常见于草坪、牧场、路边。

小贴士：几乎所有草地上，都能找到白三叶草。

多花野豌豆

百脉根

豆科还有许多我们在夏日常见的花。

七瓣莲

在森林的最深处，我愿与你相依为生

七瓣莲

七瓣莲照亮幽暗
的森林。

森林中最简单的花

　　七瓣莲看上去就好像是儿童简笔画中常出现的那种花朵。在森林里，它们的背挺得直直的，一袭白衣像是第一次参加期末典礼的小学生。七瓣莲有七片白色的花瓣，围成一圈。这真是聪明的长法，因为在森林里，阳光难以直射到底，半明半暗之间，显眼的白花能帮助蚂蚁和小飞虫找到它们。同样也是因为光线的原因，七瓣莲的叶片都长在很高的花茎上。叶子有大有小，最上面的叶子吸收到的光线最为充足，因而也长得最大。七瓣莲的繁衍方式和银莲花相同，都是靠根系在覆盖着苔藓的泥土下扩张，再沿路开出花来，直到整个森林都被那白色的小花占领。

七瓣莲

生长于山脉上的七瓣
莲只有几厘米高，常
与蔓山鹃同处生长。

41

神圣之花

　　因为七瓣莲有七片花瓣，所以以前的人们常把它当成神圣的花。早在 3000 年前，人们就把"七"这个数字看得很神圣。古希腊人只知道有七大行星，就是那些能用肉眼观测到的行星——月亮、火星、水星、木星、金星、土星和太阳。他们也按这个顺序为一周里的七天命名。

　　我不知道这种花有什么魔力，它的美简直炫目，看到就会为之着迷。也许是因为它的对称。对称，是所有美感的源泉！

卡尔·林奈

你知道吗？

　　＊有时可以找到粉红色的七瓣莲。

　　＊人们相信七瓣莲是很古老的花，早在 17000 年前，冰川消融之时，它们就已存在。

　　＊它们借助来访的小飞蝇和蚂蚁授粉。

　　＊七瓣莲是瑞典韦姆兰省的省花。

　　＊全球只有两种七瓣莲，其中一种就生长在瑞典。

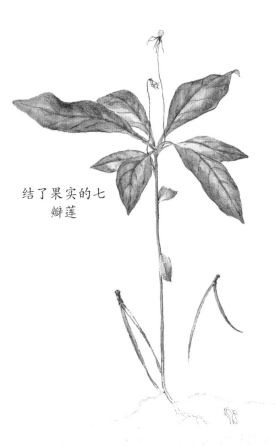

结了果实的七
瓣莲

七瓣莲的学名 *Trientalis europaea* L.

它的学名意思是"欧洲七瓣莲，在圣三一主日开始之初（五月底、六月初）绽放"。而 Trientalis 这个单词也可以是指这种花往往只有三分之一英尺（约10厘米）高。

瑞典人还把它叫作

以前，七瓣莲也被叫作鸽子山和七星，其他名字还包括星星花、星玫瑰、森林花、母亲山、三位一体花和俏男孩。

土马骔和七
瓣莲的果实

关于压花： 压制七瓣莲很容易，因为它的花瓣薄而美丽，干得很快。

花期： 5—6月，在银莲花和其他很多春天的花凋谢之后。

生长环境： 生长于有浆果与阔叶树的森林，但也能在林间、沙滩和山上的空地生长。

小贴士： 在仲夏节①之前，很多森林都能看到开放的七瓣莲。有时它会和舞鹤草长在一起，舞鹤草也开白花，但两种植物的花通常不会混淆，因为舞鹤草的花呈絮状，有两片心形的叶子。

迷你小·足球

七瓣莲的果实非常漂亮，花开之后，七瓣莲上会结出小小的蓝灰色球形果实，样子几乎和足球一模一样。有时，这些蓝色果实会一直留在花上，直到冬天才滚落到泥土之中，让种子有机会发芽。

舞鹤草 　　　　　　七瓣莲

① 北欧国家的传统节日，每年6月24日前后举行。

43

羽衣草

因幸福而落泪

从前，羽衣草是自然界中最著名的植物之一，因为它们的叶片上总凝结着如珍珠一般闪亮的神奇小水珠。这些水珠即使被倾倒在手心，依然能保持水滴的形状。（普通的水滴不会这样！）古时候的科学家坚信，从这些水珠中可以炼出黄金，虽然从来没有人成功过。其实羽衣草上的闪亮水滴并不是普通的露珠，而是植物根茎从土壤中吸收的多余水分。白天这些水珠很快就被蒸发，即使是积攒了一晚上的晨露，也会在太阳升起后迅速消失。而从前的人们宁愿相信，是小精灵们把露水一饮而尽。

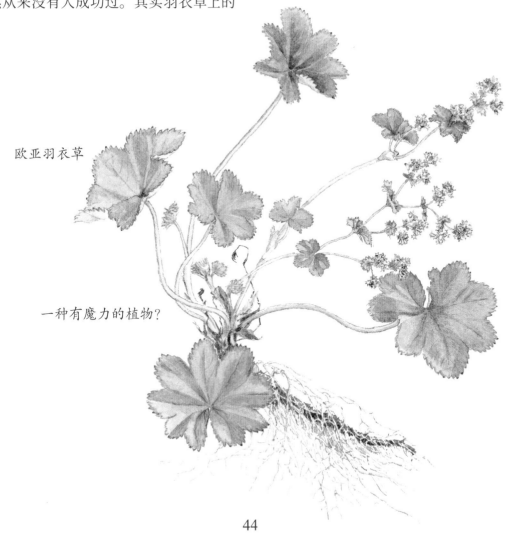

欧亚羽衣草

一种有魔力的植物？

44

有魔力的植物

从前，羽衣草被认为是一种有魔力的植物，可以帮助人们留住那最易逝去的财富——青春。女人们会用一种用羽衣草煮出来的水洗澡，她们坚信，这样一来脸上就不会长皱纹，身体的皮肤也能始终如少女般紧致而有弹性。

羽衣草的花

羽衣草的花像黄绿色的刷子，小小的，易被忽视。因为人们往往只会注意到羽衣草那美丽的叶子，和叶子上神奇的水珠。羽衣草的种子不需要花朵受精就能发育，因此它们不必长出美丽诱人的花朵来吸引昆虫。新生的羽衣草和上一代长得一模一样，完全是母体的复制版。

羽衣草泡茶

把晒干的羽衣草和报春花混合在一起，可以制成一种健康又美味的花茶。同时也可以掺入一些普通的红茶和绿茶，一起饮用。

森林的时钟

有一些植物可以当作时钟，观察时间的变化，羽衣草就是其中之一。它们的叶片总是在太阳落山时闭合，在太阳升起时再重新打开。

瑞典人还把它叫作

圣母草、圣母马利亚草、圣母马利亚裙、圣母马利亚洗衣篮、露珠玫瑰、露珠杯、水杯、拉叶子、皱纹草、女巫耳

45

柔毛羽衣草

羽衣草和许多植物一样，是献给北欧神话中的爱神芙蕾雅的。当基督教传入瑞典，羽衣草也变成了献给圣母马利亚的花。人们相信这种花可以缓解痛经，治疗女性疾病，因此称它为"女人最好的朋友"。

羽衣草的学名 *Alchemilla vulgaris* L.

大意是"大众的炼金术植物"。炼金术士是古时候的化学家，他们在许多不同的实验中都使用到了羽衣草。

你知道吗？

＊羽衣草曾被用来寻找"贤者之石"，也就是传说中的"始基"，世间所有的物质都脱胎于此。

＊羽衣草上的水珠以前被称作"天堂之水"。

＊羽衣草也曾被用来治疗伤口，以加快伤口愈合。

＊在瑞典共有 24 种羽衣草。但这些羽衣草都非常相似，几乎难以区分，因此通常都被统称为"普通羽衣草"。

关于压花：羽衣草容易压制，效果也很好。压花的时候，可以把它摆得错落有致一些，有的叶子正面朝上，有的叶子底部朝上。当然，就让它呈现自然的状态也很好。

花期：6~7 月开花，整个夏天都有叶子。

生长环境：生长于田野、牧场、公园、阔叶林，在路边也很常见。

小贴士：很多花坛里也会种植大型羽衣草。

滨菊

请告诉我关于幸福的神谕

滨菊

最"模范"的花

滨菊看上去就像花应该有的样子。它们属于地球上最大的植物家族——菊科。菊科的花都有圆形的花冠，而滨菊是这一家族中最典型的成员，算得上是一朵模范花！它看上去是不是有点儿像煎蛋？其实瑞典最著名的作家之一，诺贝尔奖获得者哈里·马丁松也这么认为！不过，这种花拥有现在的名字，是因为人们觉得它长得像牧师袍的圆领①。外围的那些白色花瓣常被叫作"指示牌花"，它的作用就是展示和做广告，吸引尽可能多的小昆虫前来拜访。花的中部由许多很小的花组成，小昆虫们寻找的花蜜就藏在那里。

---

① 滨菊的瑞典语名字可直译为"牧师领"。——译者注

动物和汽车轮胎帮它播种

以前，田野里常常长满了滨菊。虽然很美，但也有不足。因为滨菊的花茎非常坚韧，牧场的牲畜都不吃它。如今，滨菊往往退居路边，供人们欣赏。滨菊小小的果实（里面藏着种子）黏黏的，可以粘在动物的皮毛、人类的衣服，以及汽车的轮胎上，被带往各处。

追随太阳

有一些花对太阳的方位格外敏感，滨菊就是其中之一。一整天，它们始终紧紧追随着太阳，让自己那长得也像金色小太阳般的花心能朝向正确的方位，沐浴着阳光。如果有一整片滨菊，你会看到一堆晒太阳的花朵，真是有趣。

滨菊是外来客

很多瑞典人都以为滨菊是本土花，其实它是名副其实的外来品种。它是瑞典从法国和德国购买的草籽中被带入瑞典的。草籽采集于田野，因此被带入瑞典时，也一同带来了滨菊的种子。

爱，不爱……

在很多国家，滨菊都被用来占卜，解答人们向它提出的那些敏感的、往往和感情有关的问题。想要知晓答案，就请依次摘掉滨菊的白色花瓣。第一瓣说"是"，第二瓣说"不"，依次继续，最后一片花瓣代表的讯息就是给你的最终答案。在丹麦，滨菊被叫作"占卜玫瑰"。而在德国，它们被称作"许愿花"。

滨菊的学名 *Leucanthemum vulgare* Lam.

  Leucanthemum 由希腊语 leucosis 和 anthemos 组成，指白色的花。而 Vulgare 来自拉丁语词汇 vulgus，意思是"普通"。所以这种花学名的意思是"普通的白色花朵"。Lam 指的是法国科学家让·巴蒂斯特·拉马克，他是第一个描述这种花的人。

瑞典人还把它叫作

  领子花、牧师颈、牧师领、白脖子、爱人花、狗儿花、女孩儿草、白球、白花、白牛眼、白女仆

你知道吗？

  ＊滨菊是瑞典斯科讷省的省花。

  ＊它还叫玛格丽特花，属于所有叫玛格丽特的女孩的花。

  ＊可能对花粉过敏症患者造成困扰。

  ＊菊科是全世界种类最多的植物，共有约 1500 个大类，约 23000 个小类。

  ＊滨菊比较常见的"亲戚"包括蒲公英、款冬和雏菊。

贯叶三肋果

  关于压制：压花的时候，你会发现滨菊的花茎很长，但它们容易压扁。如果你想保留整枝花茎，可以给它打个结。

  花期：从 6 月初（或 5 月底）开放至 8 月。

  生长环境：适合在较干燥的田野和路边生长。

  小贴士：有可能与同样生长在田野和路边的贯叶三肋果混淆。不过贯叶三肋果长着类似莳萝的叶子。在花园以及花店都可以找到许多不同种类的培植滨菊。

柳兰

仿佛夏季日历
的柳兰

柳兰

我喜爱严肃与平静

地球之眼

爱上柳兰是很容易的事。它易于亲近，充满生命力地长在森林中。它的大小如同一个小人儿，它清澈的紫红花朵像是在直视你的眼睛。它是想告诉我们什么吗？柳兰往往成簇地生长。每当人类做出蹂躏自然的行为，例如砍伐森林，铺设新的公路或铁轨，美丽的柳兰"森林"就会随之出现，仿佛它们要挺身而出，为人类留下的烂摊子遮遮羞。第二次世界大战中，像伦敦和柏林这样的大都市都遭到惨烈的轰炸。而在战后的一片废墟中，居然有上百万枝红色的柳兰破土而出。那奇迹般的场景，令所有见证过的人们永远无法忘怀。

种子极多

单单一株柳兰就可以藏下 8 万颗种子。所以只要它找到一处合适的空地，突然之间，便可以长出大量的花。在瑞典西南部，人们曾经在一平方米的土地中找到了 29 万颗柳兰种子。

夏日沙拉

　　长于森林与田野的柳兰全身都可食用。试试看，把柳兰叶子和普通的沙拉叶子混合起来，再用柳兰花做装饰，便能做出一道美味又特别的夏日沙拉。

制成花茶

　　从前，柳兰是最常见的可以制茶的野生植物。把它的叶片晒干，就能自制成花草茶。如果想为茶增添风味，还可以和其他茶叶，比如普通绿茶混搭冲泡。大自然中有无数令人惊艳的宝藏美食，等着有心人去发掘。

夏季日历

　　柳兰开花的时间涵盖了整个暑假，人们几乎可以把它当作一个夏季的日历来使用。它从下往上依次绽放。等到花谢了，就会长出柔软的小枝干，里面满满的都是毛茸茸的种子。到了全身上下只剩下顶部的几多花时，夏天也快结束了。

　　这些美丽耀眼的紫红色花朵常常围绕在森林小木屋的周围，仿佛一座花园。

　　　　　　　　卡尔·林奈

柳兰的果实

51

瑞典人还把它叫作

在瑞典，柳兰有很多名字，以前的人们很擅长从花中获得灵感！这些名字包括：天空草、狐狸臀、小牛臀、猫咪臀、马尾、棉花草、獐草、森林花、火焰痕、火草、缰绳、练习草、老牛奶、牛奶草、高牛奶、生牛奶草、驼鹿草、阿莫科草、棉花草……

柳兰的学名 _Chamerion angustifolium_ L.

Chamerion 这个名字来自与它相似的一种植物——夹竹桃（nerium）。angustifolium 的意思是细叶子。因此它学名的意思是"有细长叶子的低矮夹竹桃"。

春季，可以采摘它的嫩芽，像料理芦笋一样进行烹煮。

你知道吗?

＊瑞典北部的柳兰颜色更加浓郁。

＊以前人们会把柳兰的种荚装在枕头里。

＊牛奶草是这种花最常见也最古老的名字。

＊被叫这个名字是因为牛吃了这种花，产奶量会增加。

鹿的最爱

鹿是真正的美食家，它们会在森林中仔细寻觅美味的食物，而柳兰是鹿的最爱。

铁轨之花

柳兰在瑞典也叫"铁轨玫瑰"。当年铁路工人在瑞典铺设铁路时，沿线长出了大量的柳兰，它们随着铁轨的铺设一路蔓延到全国。现在依然能在瑞典的铁轨或公路边看到柳兰。

关于压花：一次压一整株花可能有些困难，可以把它小心地折叠成字母 V 或者 N 的形状，或是进行修剪。也可以把花梗进行折叠。压出来的花非常漂亮，有时花的颜色甚至会更鲜艳，变得更紫。

花期：从仲夏到八月中。

生长环境：可以在任何地方找到它。通常是公路旁、伐木区，或是其他林间空地。也生长于山崖空隙和石头缝中。

小贴士：七月是柳兰最好的月份，几乎在全国各地都可以看到它，甚至在城市中心的空地也能找到。

野蔷薇

我爱你

灌蔷薇（也可称为白头翁玫瑰）开粉红色的花，所结出的蔷薇果较柔软。

最常见的两种野蔷薇品种

犬蔷薇开白花，所结出的蔷薇果很坚硬。

睡美人之花

野蔷薇是人们在大自然中可能遇到的最美（也最刺人）的植物之一。夏季里，盛开的野蔷薇播撒芬芳，美不胜收。而在秋季，新结出的蔷薇果在九月的阳光下熠熠生辉，同样美好。在阳光充沛的田野、路边和农场，野生玫瑰都颇为常见。有时候也能在幽暗的森林中找到它们，这说明森林所在的地方也许很久以前曾是一片原野。沿着海岸线同样生长着众多的野蔷薇。在古老的童话故事《睡美人》中，美丽的公主被施了魔法，沉睡了一百年。陷入梦魇的城堡外野蔷薇疯长，用带刺的藤蔓把整座城堡封住。直到一百年后，锐利的刺变成娇艳的玫瑰花，王子终于可以沿着藤蔓爬进城堡，用一个吻把公主唤醒。这个故事非常古老，早在 14 世纪初就已经存在了。

叫阿斯特丽德·林格伦的玫瑰（玫瑰属于蔷薇植物，是对其中一些植物的俗称）

全球共有约 15000 种栽培玫瑰。这些优雅不凡的花很多都有着与之相配的闪耀名字，比如获得诺贝尔奖的瑞典儿童文学女作家"阿斯特丽德·林格伦"，又比如"和平"和"莫扎特"。而所有这些高贵的花，最初的本源都来自野外，来自那一丛丛有野蔷薇寂静生长的灌木丛。

红玫瑰，结出的玫瑰果大而扁圆。

喜欢蔷薇果的姬鼠

蔷薇果也是一些鸟类和生活在森林里的姬鼠喜爱的食物。秋冬时节，成群结队的金雀在城郊长满野蔷薇的灌木丛中觅食。而在野外，姬鼠们为了摘到蔷薇果，爬到野蔷薇的灌木丛中，然后衔着美丽的果实回到巢中。

健康食物蔷薇果

从前，人们非常相信蔷薇果能够缓解"春困"。这是因为，蔷薇果中含有丰富的维生素 C，蔷薇果中的维 C 含量甚至超过橙子，因此它也被用来预防感冒。

你知道吗？

＊红玫瑰通常生长在沿海和市郊，它们结出的蔷薇果个头更大，呈圆形或扁圆状。

＊所有的蔷薇果都可以食用，包括那些种植玫瑰。而最美味的是红玫瑰和灌蔷薇的果实。

＊蔷薇果通常被用来煮汤或泡茶。

＊那些芬芳的花瓣也可以在沙拉和三明治中充当配菜。你可以把玫瑰花晒干后与其他茶叶混合冲泡饮用。

安眠球

在灌木丛中，人们常常有机会找到一种毛茸茸的、红绿相间的小草球，它们被称作"安眠塔"。以前，人们认为只要把这种小草球塞到枕头下面，就可以安安稳稳地睡个好觉。也许这个灵感是来自睡美人的故事？这个小草球其实是黄蜂的杰作，它们会流连于野蔷薇的灌木丛，并在那里产卵。

安眠塔

锈红蔷薇

灌蔷薇的学名 *Rosa dumalis Bechst.*

Rosa 是玫瑰的古时叫法，Dumalis 的意思是"灌木<u>丛</u>的"，连起来就是"灌木<u>丛</u>的玫瑰"。

Bechst. 指的是德国自然科学家约翰·马托伊斯·贝希斯坦，是他首先对这种花做出了描述。

瑞典人还把它叫作

刺玫瑰、刺儿、刺玫瑰花<u>丛</u>、郁蓬、絮蓬、科隆尔、纽培儿、蔷薇果塔、蔷薇果刺、蔷薇果灌木、灌蔷薇、玫瑰树、玫瑰灌木、野蔷薇、森林玫瑰、犬玫瑰

关于压制：你可以选择一枝较单薄的花来进行压制，也不要忘了那些绿色的叶子。花瓣通常能保持颜色不变。

花期：灌蔷薇通常在 6—7 月开花。红玫瑰的花期为 6—9 月。

生长环境：通常见于农场和路边，以及沙滩草甸和森林的边缘。

小贴士：夏天在湖畔或海边的附近通常可以找到灌蔷薇。

卵果蔷薇

玫瑰花语

红玫瑰：我爱你。

白玫瑰：我爱你的灵魂。

黄玫瑰：我很富足。

灌蔷薇：过于礼貌也是一种不礼貌。

玫瑰花刺：尽管痛苦，我也必须拒绝，因为我已经把许诺交付他人。

一朵被摘光花瓣的玫瑰：我的心依然牢牢维系在一个逝去挚友的身上，以至于我无法接受任何新的感情。

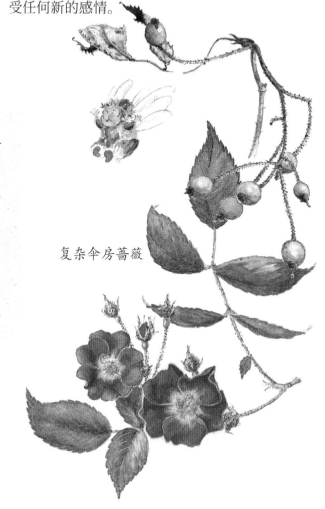

复杂伞房蔷薇

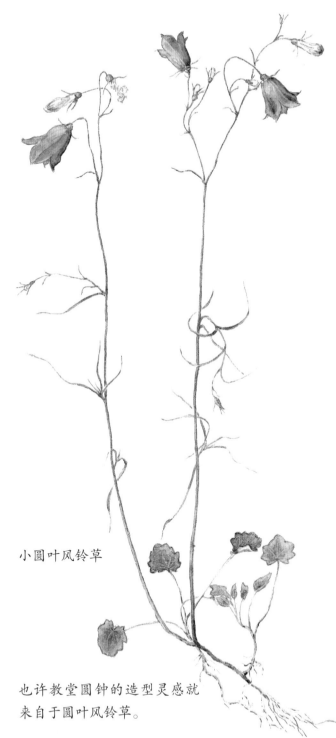

小圆叶风铃草

也许教堂圆钟的造型灵感就
来自于圆叶风铃草。

圆叶风铃草
不要泄露秘密，就连用眼神暗示都不行

熊蜂的雨伞

当夏日的风拂过草地，你能听到圆叶风铃草阵阵作响的铃声。至少在童话与诗歌的世界里，这一点儿都不夸张。无数作家用比喻的手法描述过圆叶风铃草摇曳的姿态与美妙的铃声，那声音虽弱，却不容忽略。也许，那就是为自然而奏响的乐章。我们常常能看到野生圆叶风铃草，它们小而顽强，能适应大多数环境。它们能在喧嚣的公路旁不过几米开外的地方大片生长，仿佛给草地铺上了一片天蓝色的地毯。圆叶风铃草还是小昆虫们的帐篷和雨伞，熊蜂和苍蝇会在刮风下雨的天气里找到圆叶风铃草寻求庇护。有一种极小的蜜蜂会在花中过夜，因而被称为"花眠蜂"。它们能在睡梦中帮助花完成授粉。这听起来简直像是一个童话，和自然界中所有的事情一样，都很奇妙。

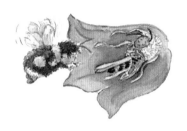

桃叶风铃草

桃叶风铃草体形较大，不太常见，却异常美丽。它们通常在半阴的树林和农场里生长。夏天，在瑞典的路边常常可以看到它们。看到了，就不妨停下来休息一下吧！

桃叶风铃草

> 铺洒在原野，点缀于田边。从这种花中可以制出绿色颜料。
>
> 卡尔·林奈

圆叶风铃草的专属熊蜂

熊蜂常常光顾蓝色和黄色的花，因为这两种颜色熊蜂看得最清楚。有一种特别钟情于圆叶风铃草的熊蜂在瑞典被叫作"风铃草熊蜂"，它们在花园和森林边缘活动。除此之外，还有一种喜爱这种花的苍蝇被叫作"风铃草蝇"。

圆叶风铃草的传说

一个夜晚，一名主教向上帝祈祷，请求得到启示。这时一阵微风拂来，原野上的圆叶风铃草叮叮当当响成一片。为了感谢上帝的恩典，这名主教请人制了一座圆钟，挂在教堂。

你知道吗？

＊从前人们相信，圆叶风铃草是小精灵们在一夜舞蹈之后晾晒出来的裙子。

＊孩子们常常把圆叶风铃草戴在手指上玩耍。

＊在圆珠笔发明之前，人们尝试过以圆叶风铃草为原料提取墨水。

＊在全球共有约300种野生圆叶风铃草，其中瑞典有十种。

达拉纳省之花

蔓延风铃草是瑞典达拉纳省的省花。这种花的风铃样式略有不同，花瓣不是蓝色，而是呈紫罗兰色。蔓延风铃草通常生长在路沿或原野里。

冬日之花

圆叶风铃草一直等到冬天才开始播撒种子。冬日里，有些僵硬的花梗在寒风中摇晃，借力把自己的种子抛撒到雪地里。

圆叶风铃草的学名 *Campanula rotundifolia* L.

Campanula意为小铃铛。Rotundifolia则由拉丁语中的"圆形"和"叶子"两个词组成，这里指的是花下部叶子的形状。因此它学名的意思是"有圆叶子的小铃铛"。

瑞典人还把它叫作

钟花、小钟花、猫铃铛、手指帽、手指钻头、啼鸣鸡、马铃铛、蓝铃铛、沙丘铃铛、圆叶钟、耳钟和通用的蓝钟[①]

关于压花：圆叶风铃草很容易压制，但花瓣的颜色往往在变干后褪色，呈偏白的颜色。所以当我们看到圆叶风铃草的干花时，要想一想它原本的颜色是什么。

花期：7月至深秋。

生长环境：适合在干燥的田野、路沿和其他类似的地方生长。

小贴士：如果你觉得野生的圆叶风铃草不容易找到，可以在公园里观赏栽种的品种。

冬天里的小圆叶风铃草。

蔓延风铃草

[①] 圆叶风铃草的瑞典语名字直译就是蓝钟。——译者注

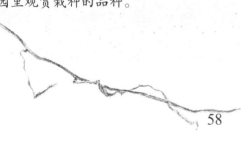

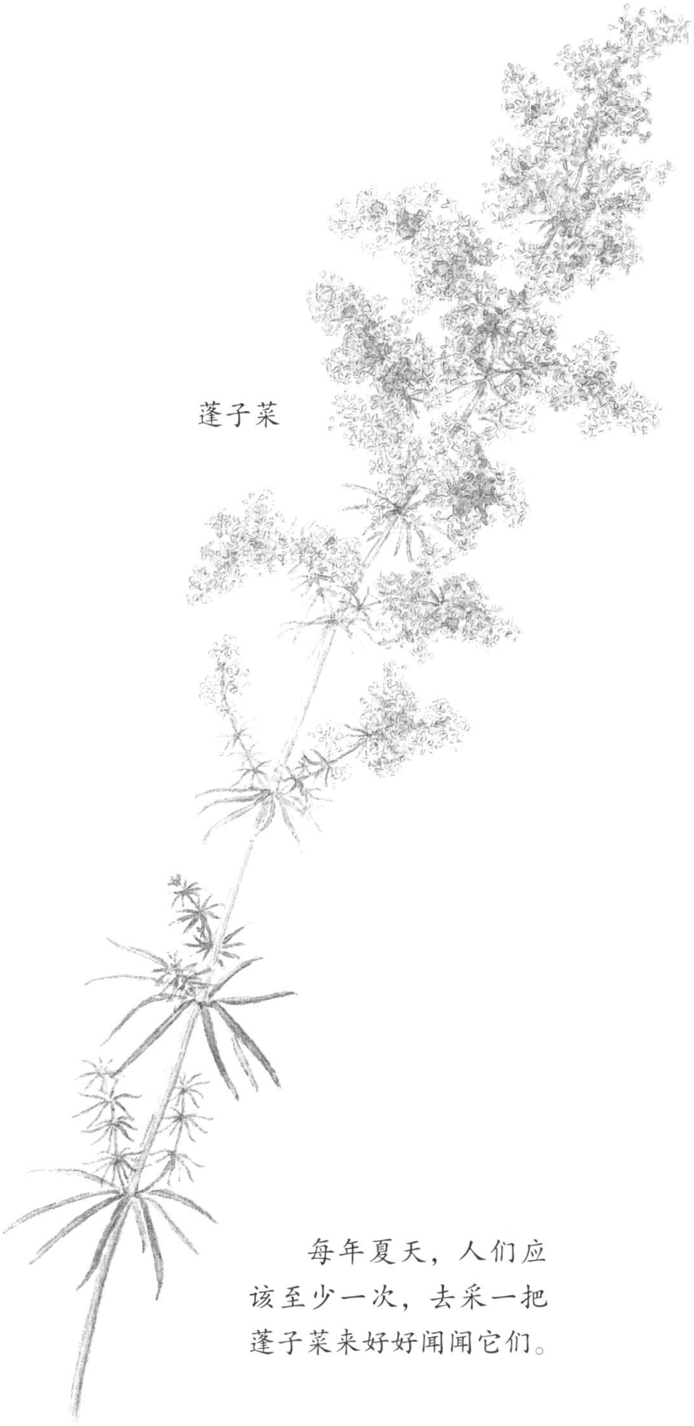

蓬子菜

你的甜言蜜语无法迷惑我

蓬子菜

每年夏天,人们应该至少一次,去采一把蓬子菜来好好闻闻它们。

圣婴之花

时值盛夏,宁静而炎热的日子里,整个大自然仿佛长舒了一口气般松弛下来,要趁着秋天里那一堆正经事到来之前好好养精蓄锐。此时正是属于蓬子菜的好时光。你可能会觉得蓬子菜长得有点乱,毫无秩序与规律可言,特别是跟滨菊这种严谨的花比起来。蓬子菜的造型完全随心所欲,像是用太阳光绕出来的一朵棉花糖。它的香味也自成一格,和各种芬芳扑鼻的花香都不同。可以说,如果把"盛夏"这个词语用花香的语言翻译过来,那就是蓬子菜的味道。如果你凑近了观察,会看到它的每一朵花都极小,但数量众多,聚在一起,花香怡人,引来无数蜜蜂。想象一下这些蜜蜂酿造的蓬子菜花蜜该有多香甜吧!据说圣母马利亚当年就是把蓬子菜铺放在了耶稣的床上。其实,每一个夏季出生的婴儿都应该享受一下这种待遇才对。

在欢庆的聚会上，农人们
把蓬子菜铺在地板上作为装饰。

卡尔 · 林奈

大拉拉藤

纷争之花？

从前人们常说，夏日宴会上人们的争执与吵闹，和蓬子菜那浓郁的花香有关。因此，这种花也被叫作"纷争草"。然而，也许恼人喧哗的真正元凶并不是蓬子菜，而是宾客们饮下的烈酒。

为什么耶稣会躺在蓬子菜上？

"圣母马利亚的床席"是蓬子菜最常见的古名之一，传说中圣母马利亚就把蓬子菜铺在了耶稣的摇篮中。这样做的原因，根据其中的一种说法，是驴子们不爱吃蓬子菜，因此这是唯一没有被驴子吃光的草。

女人之花

蓬子菜也是北欧神话中掌管女性生育繁殖的女神芙蕾雅的花，因此也被叫作"芙蕾雅草"。据说蓬子菜的香味会让女人们意乱情迷。人们也会在待产孕妇的产床上摆上蓬子菜，据说蓬子菜的香味不仅可以让生产变得更顺利，还可以辟邪驱怪。

原拉拉藤

蓬子菜

提神花

从前，人们会在赞美诗的诗集里夹上一朵蓬子菜，以防止牧师在传道的过程中打瞌睡。

旧迷信

以前人们相信，当蓬子菜的香味变得浓烈时，就意味着快要下大雨了。

瑞典人还把它叫作

异议草、敌意草、生气花、芙蕾雅草、自由草、甜蜜草、蜂蜜草、发酵牛奶草、酵母草、圣母马利亚摇篮草、圣母马利亚的床席

蓬子菜的学名 *Galium verum* L.

Galium 来自希腊语中的"牛奶"一词。从前人们在制作奶酪时会用蓬子菜来筛牛奶，因为它能帮助牛奶尽快凝结。Verum 的意思是"真正的"。因此它学名的意思"真正的牛奶花"。

你知道吗?

＊在英国，人们用蓬子菜让奶酪的颜色变得更黄。

＊据说用蓬子菜喂养奶牛，产奶量会更高。

＊用蓬子菜制作植物染料，花朵部分可以提炼出美丽的黄色，而根部则能提炼出亮眼的红色。

＊蓬子菜属于拉拉藤属，在瑞典共有 16 种不同的拉拉藤属植物。

＊蓬子菜是唯一一种开黄花的拉拉藤属植物。

关于压花：压花时，蓬子菜几乎可以自动成形。如果需要调整位置，可以小心折叠。这种花干得很快，颜色也能保持鲜艳。

花期：6—9 月

生长环境：常见于干燥、贫瘠、阳光充沛的田野、路边或森林边缘。

小贴士：人们也常常可以在沙滩上找到蓬子菜。

花儿会说话

打开植物标本书，如同走入一个神奇的世界，里面的花儿栩栩如生。

植物标本讲述的是一个关于植物的故事——哪些植物存在，或曾经存在于什么地方。

以前，每一个上学的孩子都要学习制作植物标本，他们常常一整个暑假都在忙于搜集。在当时，对大多数人来说，野生植物不仅重要，也是理所当然的存在。那时的人们与大自然之间的距离，远比我们今天要近。

卡尔·冯·林奈，那个你已经在这本书中遇到过很多次的人，是瑞典历史上最重要的科学家之一。他在 18 世纪制作了非常多的植物标本，留下了足足 18000 多个植物档案。这些植物档案直到今天依然为全世界的研究者们所使用。

你也来制作一个属于你自己的植物标本吧！把你周遭的花朵保存下来，也让它们有机会讲述自己的故事，没准儿数百年后还会有人来听呢！

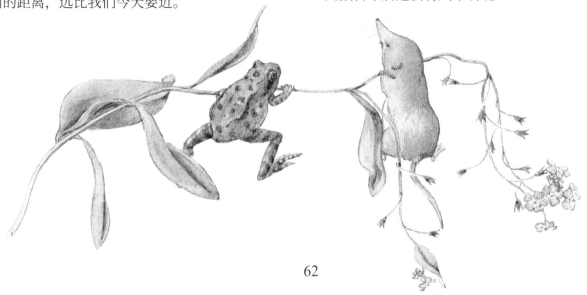

如何制作植物标本

同一种植物不妨选出两份来进行压制，以便最后挑选出效果最佳的那一个。当然，如果你想做得更多，那也没有问题。

对植物进行压制的时候要非常小心，可以调整植物摆放的形态，直到取得令人满意的效果为止。也可以对叶片和花朵进行适当折叠，以方便观察。

对于比较高的植物，可以小心地把它们折叠成 V 或 N 的形状，也可以用剪刀进行修剪。

最简便的方法是使用普通的报纸或是厨房纸巾。把纸对折，再裁剪成和书一样的大小，随后把植物压在纸张之间，利用纸张来吸干水分。

也可以同时压制几种不同的植物，把它们依次放在多层纸张之间即可。

这样压制标本

先把用来夹花的报纸对折，放置于本书最后的棕色封底页上。再把植物放在对折的报纸之间，并合上报纸。把另一页棕色书页盖好，并小心地合上书。再找几本有分量的书压在上面。书越多，越重，效果就越好！植物需要被这样压制大约两周时间。

不妨用胶水棒来固定住需要压制的植物。用胶水棒划过你希望植物被固定的地方，再小心地把植物放上去。你也可以使用一种特殊的外科手术胶布，这种胶布可以在药房买到。剪下一小片药用胶布，再用它固定住植物。注意，不能使用普通的胶布，因为普通胶布时间一久就会发黄，变得很难看。第三种方法是剪一小块纸片，涂上胶水，再把纸片盖在植物上。这是非常传统的压制植物标本的方法，直到今天依然被很多人使用。

花卉词汇表

物种： 一群或多或少具有相似性，并且能一起繁殖的植物属于同一物种。例如在瑞典，毛茛属下大约有 30 种植物，如普通毛茛、匍枝毛茛和多花毛茛。

受精： 当一朵花的花粉粒落到另一朵同类花的雌蕊（花的雌性器官）上时，就会长出一条花粉管，伸到花的胚珠里。沿着花粉管，精细胞就可以为胚珠中的母细胞授精。这样，花里就会有种子了。

花序托： 很多菊科植物的花朵正中都有一个花序托（圆盘），它们由许许多多的小花紧密排列组成。花序托通常为黄色或棕色。

果实： 植物中包含种子的那个部分就是果实。果实其实是植物的种子囊，同时也有助于传播种子。

菊科： 地球上最大的植物家族。菊科植物有一个圆形的头状花序，周围围着一圈舌状花瓣。比如款冬、雏菊、蒲公英和滨菊都属于菊科。

花瓣： 开在花上的白色或彩色的片状部分。花瓣们就是花的王冠。在花瓣下有绿色的萼片，它们在一起就是花萼。

氮： 对地球上的生命有着重要意义的基础物质之一。氮主要存在于空气中，在土壤里的含量较少。而一部分植物，如白三叶草，含有能起到固氮作用的元素，能从空气中获取氮，从而令土壤肥沃。

花蜜： 许多花都有的甜蜜汁液，它们对昆虫来说很重要。

授粉： 把花粉从雄蕊（植物的雄性器官）搬运到雌蕊（植物的雌性器官）的过程叫授粉。如果花朵硕大，芳香扑鼻，还含有花蜜，就意味着这种花是依靠昆虫进行授粉的。如果花朵偏小，但有较长的雄蕊和浓密分叉的雌蕊，它们就是依靠风力授粉的。当花完成了授粉，就可能使花的雌细胞受精。（见"受精"词条）

花冠： 大而亮丽的花瓣能够帮助吸引昆虫来访。菊科植物的花序托周围围绕着美丽的花瓣，它们像招牌一样，为含着花蜜的花心做广告。

复叶： 有时候一片叶子会分裂成若干片小叶子，叫复叶。有的复叶是对称的，沿着叶柄一对一对地分布。还有一种掌状复叶，所有的小叶子都集中于一个地方。以白三叶草为例，所有的叶子都是三片小复叶组成的。

冬生花： 那些虽然干枯但依然屹立于冬季的植物。它们的种子在冬天里才被播撒。

大拉拉藤

林奈花①

有时学名的后面会跟着一个字母L，这代表林奈是首先描述这种花的人。不过现在这个 L 常被省略。

植物学家林奈的故事

卡尔·冯·林奈常被称为"花的国王"。1707 年，他出生于瑞典的斯莫兰省。他的母亲名叫克里斯汀娜，父亲名叫尼尔斯，是一个牧师。按照父亲的意愿，林奈应该成为一名牧师。不过他在学校的成绩不太好，老师觉得他根本没有继续求学的必要。

在林奈家有一座非常美的后花园，林奈从孩提时代起就喜欢花。他放弃了攻读神学的计划，开始学习自然科学。他的学业从此突飞猛进，并顺利完成了医科教育。

随后他开始在瑞典各地旅行。他研究自然，观察植物，同时注意到，这些植物在不同地方的名字并不相同！他思索出了一个可以为植物整理排序的好办法。林奈还是小孩子的时候，就喜欢在花园中用放大镜观察各种花。他发现花的生殖器官——雄蕊和雌蕊——在不同的花中差异很大。通过统计花的雄蕊与雌蕊的数量，可以把全世界的花进行分类整理。他在自己的著作《自然系统》一书中介绍了这种方法。这本书出版于 1735 年，那时他只有 28 岁。这一成就令他受到全世界的瞩目。

这之后，他又完成了一个宏大的工程。他给所有的植物采用双名法，以拉丁文来命名。第一个名字表示植物归于哪个属，第二个名字是物种自己的名字。当然，这些植物也有自己的本国的名字。林奈本人最喜欢的花，被他命名为林奈花，而它的学名为 Linnaea borealis.

林奈的命名体系（双名法），以及他用植物生殖器官进行分类的方法，直到今天依然在全世界广泛使用，即使现在的 DNA 技术已经证明这种方法其实也存在错误，但这并没有影响"双名法"的地位。

---

① 中文也译作北极花。——译者注